成长漫谈

张国庆 著

新华出版社

图书在版编目（CIP）数据

成长漫谈 / 张国庆著. —北京：新华出版社，2020.4

ISBN 978-7-5166-5086-8

Ⅰ.①成… Ⅱ.①张… Ⅲ.①人生哲学－通俗读物

Ⅳ.①B821-49

中国版本图书馆CIP数据核字（2020）第048277号

成长漫谈

作　　者：张国庆

责任编辑：蒋小云　　　　　　　　　封面设计：中尚图

出版发行：新华出版社

地　　址：北京石景山区京原路8号　　邮　　编：100040

网　　址：http://www.xinhuapub.com

经　　销：新华书店

购书热线：010-63077122　　　　中国新闻书店购书热线：010-63072012

照　　排：中尚图

印　　刷：天宇万达印刷有限公司

成品尺寸：240mm×170mm

印　　张：8　　　　　　　　　　　字　　数：65千字

版　　次：2020年4月第一版　　　　印　　次：2020年4月第一次印刷

书　　号：ISBN 978-7-5166-5086-8

定　　价：98.00元

时光之舟，载我们驶入缤纷新时代，尽管熙攘不同，色彩斑斓，然而历经生活之后，顿觉大海不变，人心未易。

半部论语治天下，对于只治生活的凡人来说，大概会叹，一句论语治生活。当轻巧文字遇上生活的细细碎碎，则会生出一些耐人寻味的新解与共鸣。

成长是学校的事，更是生活的事，社会的事，将生活中影响人的片段，以成长的角度，细细想来，甚有意味。

成长之思，论语新解，配以生活之画面，遂拙成此书。小画题款，为应受众轻读，写为简体。每章之中，手迹小字，欲取刚润之线条，活跃此书。

书中拙见及漫笔小画，多有不适，请读者多多批评指正，当思之改之！

是为序！

张国庆

目　录

壹 学而时习之

学用 ／
流水不腐
学而用之
实践出真知
实践得心悦

流水不腐
学而用之

游泳 /

学通生活

譬如游泳

光看书不下水

总归学不会

光看书不下水
会游泳吗 [印]

乐舟 / 天道酬勤

学习自然如此

不过苦舟之外

是否觅觅

兴趣之舟

快乐之舟

勤为径
乐作舟

活学 /

后来听说

爱写诗的孩子

颇有几个出人头地

难究缘故

可能是这些孩子

从小活学活用

爱写诗的孩子长大后
录用了会背诗的同学

壹 学而时习之

看得见 / 文以化人

字通万物

若将所学内容

看得见

摸得着

更合育人之道

积木之成就
耐人寻味

去试 /

学而时习之
可否作新解
学贵运用
去试去践行
解困顿与问题
心生欢喜

去

试

贰 有朋自远方来

朋友 /
朋友是一本好书
记载一些生命的感动
多几个朋友
多几份精彩

朋友是好书
记载生命感动

热情 /

付出了

莫求回馈

手留余香

天冷时

莫怨天

自有芳香

对待朋友必须热情

因为一个人坐板凳太冷

答题　／

不经意地品
生命有曼妙
有人为你答题
有人一片冰心

老师们都已想不起
帮我答问题的你

寄来 / 寄来试卷

分享知识

友谊之挚

互促成长

朋友转学后
寄来几张试卷 🔲

兄弟 /

细细碎碎
比过品过
淘出真情
相守一生

同桌毕业后写信说
最好的兄弟是我 [印]

相惜 /

单弦难成音

生活需要朋友

清清如风

淡淡如水

抑或冷暖

皆须相惜

相惜

叁 吾日三省吾身

识己 /

人生最困难的事
认识自己

揭面具 /

不断打磨
砥砺前行
慢慢变坚毅
慢慢变宽厚

被人揭面具是一种失败
自己揭面具是一种胜利

日记 /

遇事善相衡
日日有自省
坚持写日记的人
会有些运气

坚持写日记的人

运气总不会差 印

理得失 /

生命之动
在乎体质
还有脑子
脑智之动
促反省
理得失

运动回来
小憩一下

不迟 /

莫怕犯错

大胆试错

能人之常情

错后省悟

知错就改

永远不嫌迟

知错就改
永远是不嫌迟的

自胜 /

成长而言

贵在自省

自省常会扰心

自胜者胜

白胜

肆 学而不思则罔

深入 / 书包加重
脑袋未必加灵
求学之道
当思深入旁通

书包越求越重
脑袋越转越慢

弄通 / 学而当思
思各不同
学懂弄通
切莫求表

大家听懂了吗
听懂了

作业

作业甚有讲究
机械之外
可延展些生活
则可助成长

作业完毕
万事大吉 🔴

盯你 /

恨铁不成钢
盯你没商量
不过别盯过紧
因为终究
你非学之主人

可怜父母心
盯你没商量

肆 学而不思则罔

练习册 / 有名师说
课外强知
经典的练习书
只需一两书
贵在吃透思辨

毕业了
练习册还是新的

心得 /

学贵有思
思而方得
自主之思
生发力量
或为事之理
或为心之明

心得

伍　见贤思齐

文明　/　所见点滴
　　　　　折射素养
　　　　　久而久之
　　　　　耳濡目染

自助餐厅
文明百态 [印]

伍 见贤思齐

操心 / 见别人的贤能
恐不及而操心
见别人的不端
引戒担心

见贤要操心
见不贤要担心

品之 /

菜咸不咸

需要尝尝

人贤不贤

持久品之

菜咸不咸
人贤不贤

好坏　/

影艺即生活

生活大舞台

守住底线

三观不偏

看电视最大的价值
就是让人感受
谁好谁坏

抓不住 /

人生际遇
有些人抓住了
更多人错过了
有些贤伴
没有坚持
成了一生的过客

见过无数的贤人
却仍过不好这一生

修己 /

看看生活的贤
引戒生活的不贤
修己补短
且行且修

修己

想想 /

花儿

学着自己呼吸

不愤不启

切莫操之过急

你等等
让孩子自己再想想

花笑 /

孩子摘花
花儿会哭
孩子护花
花儿笑之
启蒙之时
如此教之

心囹那朵花
一直在对你微笑 🔲

学问

学问学问
学了要问
问中出新
问后践行

学问学问
学了要问 🔲

陆 不愤不启

教小 /

启发之道

或在于提兴

兴致之道

或在于尊重

以及赏识

姐姐过来下
给妹妹说几个数字

智与愚　　/　　人人皆人才

各有智慧

思维之火花

切莫挡之

更难以代之

能干的大智若愚
能说的大愚若智

陆 不愤不启

渐进 /
天时地利
启发人和
相信自己
相信坚持
在渐渐中进步
在自主中成长

渐

進

柒 饭疏食饮水

粗饭 /

小的时候
酱油捣饭
盐花拌粥
津津有味

酱油捞饭
盐花拌粥

好环境 /

优越是好

清简是好

恐难定论

人心最难修

修心须砥砺

想去咖啡馆工作也
那儿环境好

柒　饭疏食饮水

不想吃　／　高处宽处
平处淡处
处处能育人
言之甚苍白

078　／　079

今天菜不喜欢
不想吃了

没钱 /

孩子问爸

我家有钱吗

爸宜回答

我有你没有

终究须自立

我家有钱吗
我有你没有 🔲

节约　/

节约之事
不是过去的事
不仅米粒的事
其中有平衡
其间可人生

浪费粮食
雷公必要来打的

清心 /

时代可喜
色彩斑斓
熙攘不同
人心未易
仍需清心
清心则安

清心

三人行　／　如山如水
刚柔互济
育人之氛围
刚韧不缺席

三人行
必有戏爸

生活 /

生活即教育

社会即学校

且行且悟

定能成长

若不是生活养育了你
你还会是你吗

说做 /

天下熙熙

说说做做

多关注做

少轻羡说

即便言谈要紧

也是先行后知

说说像律师
吃吃像厨师

扫一屋 /

崇拜名人

抑或伟人

并未有错

倘若一屋不扫

恐难成事

扫一屋的工人
扫天下的神人 [印]

捌 三人行

类聚 /

许多跟风
或是偏执
许多光鲜
或会懊悔

094 / 095

物以类聚
学以校分

大若 /

人人皆金子

处处有亮点

大处着眼

大着于心

博人之长

丰厚自己

大眷

玖　逝者如斯夫

早起　/　　"早"字
　　　　　　日出之义
　　　　　　人生积聚
　　　　　　皆源于此

叫醒我们的
从来不是闹钟
而是责任

调表　／

时光
温和助你
也冷漠误你
调一调表
善待彼此

珍惜时间
从调表开始

挺快　／

快的节奏
不怠不拖
经常习之
轻重缓急
书写人生

优秀的特征·
小时候做作业挺快

匆匆　　　　少壮不勤
　　　　　　中年不韧
　　　　　　不知不觉
　　　　　　时光埋之

时光匆匆
将我埋葬 🔲

不负 /

晨有所行
夜有所思
日复一日过去
"渐"字
最玄妙的变易

只争早上
不负晚上 [印]

玖　逝者如斯夫

舀时 ／

光阴如水
有声亦无声
有情亦无情
舀一瓢
是一瓢
舀时不待时

昏时

己所不欲

"罩顾" /　一物一世界
　　　　　　　这世界
　　　　　　　是他我
　　　　　　　是相互

"罩"顾
是折叠的爱 [印]

换书　/

自己健

别人殃

不可为之

不可幸之

其间加点比心

生命或更有光

这本新书有点码了
给我换一本

换书 · 彩墨原创

扶不扶 　/　　冷与暖

经历后说

给予暖

经心了就做

老爷爷摔倒了
扶还是不扶

拾　己所不欲

说谎　/　　自小说过谎吧
　　　　　　　有美丽的
　　　　　　　有无奈的
　　　　　　　纯真最可贵
　　　　　　　宽地价亦高

说谎不外两原因
小怕你伤心
小怕你伤我

恕字 /

汉字造义
博大精微
"恕"字
如心即比心
一字定人心

人类最伟大发明

汉字"恕"

撇捺 /

一撇一捺
耐人寻味
先后急缓
有序有度
撇捺之间
道尽人生

撇捺